家居隔断好创意500

500 good ideas of partition

理想·宅 编

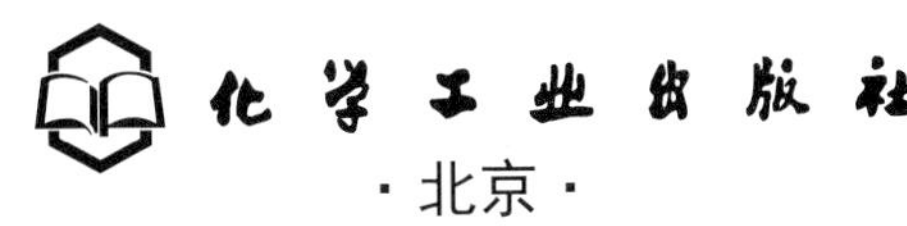

·北京·

编写人员名单：（排名不分先后）

叶　萍　　黄　肖　　邓毅丰　　张　娟　　邓丽娜　　杨　柳　　张　蕾　　刘团团　　卫白鸽　　郭　宇
王广洋　　王力宇　　梁　越　　李小丽　　王　军　　李子奇　　于兆山　　蔡志宏　　刘彦萍　　张志贵
刘　杰　　李四磊　　孙银青　　肖冠军　　安　平　　马禾午　　谢永亮　　李　广　　李　峰　　余素云
周　彦　　赵利娟　　潘振伟　　王效孟　　赵芳节　　王　庶

图书在版编目（CIP）数据

家居隔断好创意500 / 理想·宅编. —北京：化学工业出版社，2015.5
ISBN 978-7-122-23418-6

Ⅰ. ①家… Ⅱ. ①理… Ⅲ. ①住宅-隔墙-室内装饰设计-图集 Ⅳ. ①TU241-64

中国版本图书馆CIP数据核字（2015）第058276号

责任编辑：王斌　邹宁　　　　装帧设计：骁毅文化

出版发行：化学工业出版社(北京市东城区青年湖南街13号　邮政编码100011)
印　　装：北京盛通印刷股份有限公司
710mm×1000mm　1/12　印张11　字数250千字　2015年5月北京第1版第1次印刷

购书咨询：010-64518888 (传真：010-64519686)　　售后服务：010-64518899
网　　址：http://www.cip.com.cn
凡购买本书，如有缺损质量问题，本社销售中心负责调换。

定　　价：45.00元

目录

CONTENTS

目录

CONTENTS

推拉式隔断

推拉式的隔断可以灵活地按照使用要求把大空间划分为小空间或再合并空间。其简便易行，令任何人都可以轻松顺利地移动和操作。最初的推拉式分隔只用于卧室或更衣间衣柜的推拉门，但随着技术的发展与装修手段的多样化，从传统的板材表面到玻璃、布艺、藤编、铝合金型材，从推拉门、折叠门到分隔门设计，推拉门的功能和使用范围在不断扩展。在这种情况下，推拉门的运用开始变得多样和丰富。除了最常见的分隔门设计之外，推拉门广泛运用于书柜、壁柜、客厅、休闲空间等。目前推拉门的主要分类有为单、双式，内嵌式，悬挂式，折叠式等。

运用推拉门将厨房与其他空间做有效区分

家居空间在功能上的分隔可以通过多种方式来实现。其中，厨房与其他空间之间最适合用玻璃滑动门来进行分隔，此外也可以用玻璃推拉门来塑造。利用滑动门的好处在于可以在特定的空间里为居室增添时尚感与活力，令空间与空间之间相互连接又各自独立，而且其很好的密闭性，还能防止烹饪时的油烟外泄。

1.玻璃滑动门不仅有效地分隔了厨房和客厅，并且为家中带来了通透。

2.厨房与客厅之间用滑动门进行分隔，设计手法简单而实用。

3.厨房与客厅之间用滑动门来进行分隔，简洁中不失现代感。

1.厨房的推拉门有效地分隔了空间，展现出了独立的氛围感。

2.厨房中的滑动门用玻璃的通透无形中放大了空间。

3.单扇滑动门塑造起来简单，又有效地规避了烹饪时的油烟外泄。

4.利用简易的拉门为厨房进行分隔设计，增强了家居空间的层次感。

5.时尚的拉门阻隔了厨房油烟飘散到餐厅空间中，保证了用餐气氛。

1

2

3

1.玻璃推拉门是厨房最常用的分隔方式，它不仅能展现独立的空间感，同时也方便了各空间之间的联系。

2.玻璃滑动门时尚而现代，并且有效地分隔了空间。

3.玻璃推拉门比起滑动门来更加方便塑造，不足之处在于比起滑动门，其密闭性稍差。

1

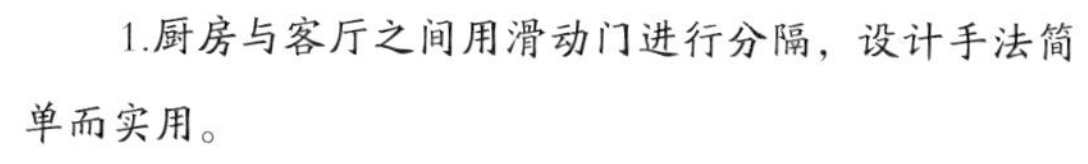

1.厨房与客厅之间用滑动门进行分隔，设计手法简单而实用。

2.玻璃滑动门不仅有效地分隔了厨房和客厅，并且为家中带来了通透感。

3.厨房与餐厅之间用滑动门来进行分隔，简洁中不失现代感。

4.厨房与客厅之间用滑动门来进行分隔，简洁中不失现代感。

2

3

4

用玻璃隔间将卫浴做到“干湿分离”

卫浴间的“干湿分离”，就是把卫浴间功能彻底区分，克服由于干湿混乱而造成的使用缺陷。其中，采用把淋浴房单独分出是最为简单的方法，但却不适合安装浴缸的卫浴，后者可以采取玻璃隔断或玻璃推拉门来分隔，即把浴缸设置在里面，把坐便器和洗手池放置在外面，以便更好地实现干湿分离。

1.玻璃隔间的沐浴房既节省空间，又做到了很好的干湿分离。

2.弧形的玻璃隔断将淋浴区从卫浴空间中分隔出来，更能节省卫浴空间。

3.小空间的卫浴更需要玻璃房来分隔出沐浴区，以便卫浴干湿分离。

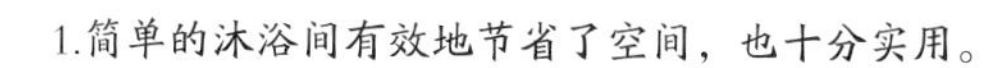

1.简单的沐浴间有效地节省了空间，也十分实用。

2.淋浴间用钢化玻璃进行围合，有效地实现了卫浴间的干湿分离。

3.透明的玻璃围合起来的淋浴间，简洁而实用。

4.运用玻璃围合出淋浴空间，完成了卫浴的干湿分隔设计。

1.卫浴间的面积不大，因此合理利用空间显得尤为重要，利用卫浴的角落设计一个用玻璃围合出的沐浴间，无疑是节省空间的好方法。

2.简单的淋浴间却十分有效地做到了卫浴间的干湿分离。

3.淋浴房的玻璃门不仅完成了干湿分隔，并使卫浴空间更加通透、洁净。

1.正方形的玻璃隔间将空间划分得十分规整，视觉效果整洁有序。

2.玻璃门与木质吊顶的搭配，既分隔出了沐浴区，又为卫浴带来独特的温馨感。

3.根据卫浴的不规则空间分隔出的淋浴房，为卫浴节省了不少空间。

4.不规则的空间配合玻璃门，分隔出的淋浴房，为居室带来了视觉上的变化。

5.用钢化玻璃塑造出的淋浴间，既节省空间，又能防止洗浴时水的外溅。

多种材料相结合，令推拉门更具风情

在现代居室中，推拉门以其既简单又实用的特征，得到了众多业主的青睐。这种设计手法不仅可以节约预算，还能很好地对居室进行分隔。一般来说，推拉门的材质大多以玻璃为主，也有两种或两种以上材质相结合的设计手法，这种不是单一材料设计而成的推拉门，可以将居室塑造得更具风情，而又不会超支预算，可谓是非常讨巧的设计方式。

1.玻璃与布幔的结合运用，使卧室中的卫浴间充满浪漫气息。

2.卧室与卫浴间共处同一空间，利用玻璃隔墙与吊顶的高低解决了干湿分离，同时增加了使用功能。

3.玻璃隔墙搭配珠帘，使整个空间充满浪漫气息。

1

2

4

3

1.利用玻璃分隔出卧室中的卫浴空间，令卧室功能更加多元化。

2.纱帘与玻璃墙面的搭配不仅分隔了卧室与卫浴空间，并为卧室增添了柔美气息。

3.大面积玻璃分隔间与流苏的运用，使卧室时尚前卫的风格得以延续。

4.黑色线帘装饰搭配玻璃墙，使得卫浴从卧室中分隔出来，并为卫浴增添了神秘气息。

1.通透的玻璃墙面与缥缈的线帘相结合，不仅可以分隔空间，而且能为卧室形成隔而不断的格局。

2.利用珠帘加玻璃拉门的形式把浴缸与床具分隔开，既展现了主人懂得享受生活的品位，同时又使卧室浪漫、舒适。

3.珠帘搭配印花玻璃的分隔设计，为卫浴空间增添了不少风韵。

4.珠帘装饰搭配玻璃墙，不仅分隔了卫浴空间，还增强了卫浴的美观性。

1.玻璃推门与黑纱的结合将书房分隔成一个独立空间，在灯光的映衬下令这个空间越发迷人。

2.珠帘与玻璃门的搭配，不仅分隔出了书房的独立氛围，同时也为书房打造出了现代气息。

3.玻璃推拉门与缥缈的纱帘相搭配，一刚一柔，将阳台与客厅塑造得风情无限。

4.纱帘与拉门相搭配形成了家居的活动式分隔设计，强调了空间风格特点。

5.玻璃推门搭配粉色纱帘，展现出了独特的空间气质。

滑动式拉门——节约空间的好帮手

在推拉门的设计中，滑动式拉门无疑是节约空间的最佳帮手。这种拉门仅需要一个滑动轨道便可成形，使用起来非常便捷，同时还具有较高的密闭性，用于厨房，可以有效地防止油烟外泄；用于卫浴，则能防止水花外溅；用于卧室则能很好地进行隔音，可谓是非常实用的分隔设计。

1.滑动式玻璃拉门通透而明亮，还十分节约空间。

2.被分隔出来的淋浴房，其玻璃拉门上的趣味贴纸为卫浴增添了生活情趣。

3.玻璃拉门将卫浴从卧室中分隔出来，形成了隔而不断的空间感。

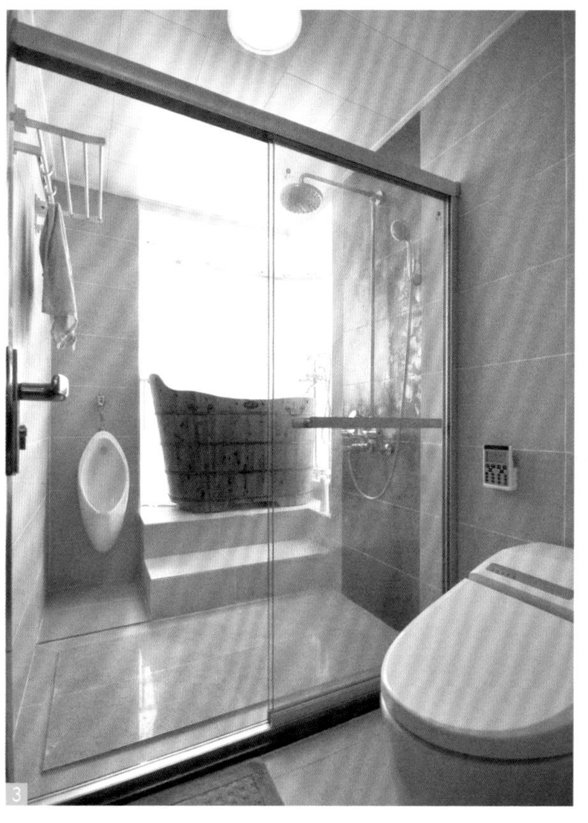

1.小小的卫浴间用玻璃拉门对沐浴区和如厕区进行了有效的分隔。

2.玻璃拉门在分隔出淋浴区的同时，令卫浴更加现代时尚。

3.可拆卸的玻璃拉门为卫浴分隔出功能区，让空间更富层次感。

4.具有分隔作用的拉门有效地阻隔了沐浴时的水滴四溅及蒸汽弥漫。

1.通透大气的玻璃拉门将洗漱区与沐浴区进行了分隔，令家人的洗漱时光变得悠然自得。

2.卫浴间运用两扇玻璃拉门将洗漱区、如厕区、沐浴区进行了有效分隔，就算家人同时使用三大区域，也丝毫不会影响彼此。

3.玻璃门将淋浴区分隔出来，增强了空间层次感。

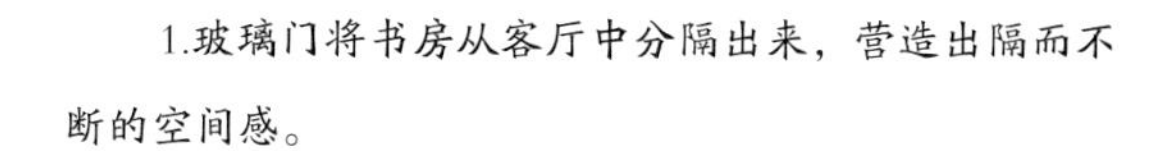

1.玻璃门将书房从客厅中分隔出来，营造出隔而不断的空间感。

2. 通透的玻璃拉门既起到了分隔作用，又为居室增添了现代气息。

3.玻璃拉门为书房空间塑造出通透、明亮的视觉效果。

4.有着分隔作用的玻璃拉门缓解了书房空间中厚重感家具所带来的沉闷感。

既清爽又易于清洗的玻璃推拉门

虽然推拉门的设计材料丰富，但玻璃无疑是其中最受欢迎的材料，这种材料不仅可以让光线穿透，也不妨碍视觉的隐约延伸，并且独具质感和氛围。此外，玻璃还非常容易清洗，对于现代忙碌的家庭来说非常省心。仅仅在水中放些蓝靛，就会增加玻璃的光泽；或者运用报纸或牛仔布进行擦拭，也可以瞬间令玻璃光洁如新。

1.玻璃推拉门搭配马赛克，将卫浴与卧室空间分隔开来。

2.卫浴的玻璃墙既分隔了空间，又为奢华的卧室空间增添了一分清爽。

3.利用正面印花玻璃区分开卧室与卫浴间，在视觉上放大了空间，又使得空间不会过于通透。

1

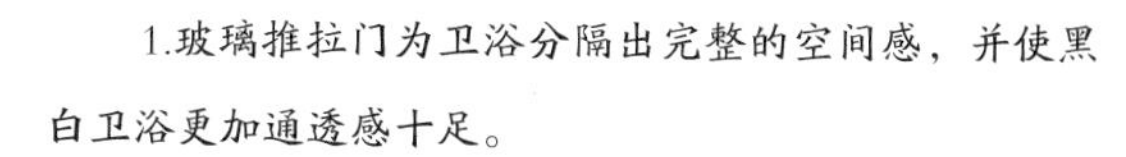

1.玻璃推拉门为卫浴分隔出完整的空间感，并使黑白卫浴更加通透感十足。

2.仅仅一面玻璃拉门，就能将卫浴从卧室空间中分隔出来。

3.颇具金属质感的玻璃分隔墙，为卫浴增添了时尚现代感。

4.清爽的玻璃拉门有效地将卧室与其他空间分隔开来。

2

3

4

1.光洁明亮的玻璃推门既容易清洗，又轻易将沐浴区与如厕区进行分隔。

2.玻璃淋浴房的分隔功能令这个狭长的卫浴空间更加多元化。

3.彩绘的玻璃门有效地将卫浴分隔成独立的空间，并给卫浴带来一抹大自然的气息。

4.大面积的玻璃隔断丝毫不用担心清洁的问题，为日常打扫提供了便利。

5.时尚的玻璃推拉门，既有装饰性又能起到分隔空间的作用。

1.能够分隔空间的玻璃推拉门为厚重的卫浴家具带来一丝清凉。

2.玻璃推拉门既容易清洗，又有效地区分了空间，可谓一举两得。

3.流线型的玻璃隔墙，在分隔书房的同时，为空间带来一抹趣味性。

4.通透的玻璃推拉门为书房带来了明亮的阅读体验。

造型多样的板材为推拉门带来丰富的容颜

板材所具有的温暖感可以增加居室的温馨效果，此外，板材还具有造型多样的特点，可以为家居带来丰富的容颜。在推拉门的塑造上，板材既可以通过镂空造型体现出美丽的表情，也可以与其他材料相结合，共同为居室带来非常具有装饰效果的氛围。此外，还可以在板材上进行手绘，将空间打造得活灵活现。

1

2

1.格栅门不仅具有分隔空间的作用，同时还丰富了空间的装饰性。

2.镂空造型的推拉门，为居室带来时尚的格调。

3.镂空造型的分隔设计，为厨房增添了一抹柔美感。

3

1.黑色的木质格栅与磨砂玻璃相结合的推拉门为居室带来雅致的格调。

2.玻璃与木质格栅相搭配的推拉门将书房从过道空间中分隔出去，形成了完整独立的空间感。

3.玻璃与木质格栅相搭配的推拉门以其灵活的分隔形式，营造出了书房的独立氛围。

4.利用木质格栅与玻璃相搭配的玻璃门将阳台空间隔出书房，既美观又实用。

1.具有手绘图案的推拉门，为空旷的过道带来了视觉上的美感。

2.雕花图案的推门，令卫浴空间充满独立性与美观效果。

3.可移动的木质与磨砂玻璃相结合的拉门，其具有的分隔功能令过道更具独立感。

镂空式分隔

大多数的空间分隔设计都不属于家居中的承重结构，因此造型完全可以丰富多样，既可是半截轻质隔墙，又可采用镂空造型。人们对于分隔空间的第一印象就是其直观的外在表现，那么通透又美观的镂空设计就是首选，镂空的设计能增添空间的神秘感，而且给人一种很舒服、温馨的感觉。所以空间的分隔设计，有时候仅仅通过形式的变化就能够获得非常不错的装饰效果。因为隔断并非纯功能性，所以材料的装饰效果可以放在首位。

镂空式背景墙令居室更具视觉变化

在家中设计一面独具特色的背景墙，不仅可以提升空间的美观度，也能从侧面展现出居者的品位、爱好，因此受到很多装修业主的关注。背景墙的设计手法以及材料搭配的种类很多，其中镂空式背景墙以其独特的造型、相对低廉的造价，而受到大众的欢迎。无论是镂空式电视墙，还是沙发墙，无不为居室带来丰富的视觉变化。

1.铁艺镂空电视墙造型，既满足了客厅需求，又将客厅与卧室分隔开来。

2.雕花式背景墙为居室带来了热带雨林的神秘氛围，增强了居室的装饰性。

3.电视背景墙的一部分采用镂空式隔断，为居室带来了与众不同的容颜。

1.铁质线条的墙面装饰，既丰富了客厅空间，又将其他空间与客厅分隔开来。

2.能够分隔空间的白色横条，其通透感为空间打造出了隔而不断的空间氛围。

3.木质格栅分隔了楼梯与客厅空间，并可作为电视墙的背景装饰。

4.颇具中式风情的背景墙分隔设计，让客厅风格更加多元化。

1

2

3

1.富有线条的活动式分隔设计令中式客厅多了几分现代气息。

2.中式古朴的客厅活动式分隔设计，强调了整体空间的古典氛围。

3.沙发背景墙的镂空设计，不仅分隔了空间，同时也烘托了整体空间的质朴风格。

1.镂空格栅沙发背景墙既不影响居室的采光，又为居室带来了美化的作用。

2.沙发后面的分隔设计，迎合了空间的整体感，令客厅简约而不简单。

3.黑色镂空格栅式沙发背景墙，令客厅既独立又充满复古气息。

4.镂空式木质格栅搭配珠帘既装饰了客厅，又起到分隔空间的作用。

创意镂空隔断成就时尚居室

镂空式隔断的设计手法既简洁，又可以轻易地为空间带来通透的感觉。一般的镂空隔断，最常见的方式为密度板造型，但同时也可以采用其他更具现代感的材料来塑造，比如玻璃、金属等。此外，还可以运用几何造型来为隔断增添时尚的况味，令居室充满时代潮流气息。

1.装饰金属隔断不仅分隔了空间，更为奢华的卧室增添了现代氛围。

2.沙发旁的金属装饰起到了分隔客厅与餐厅空间的作用，使各功能空间更加明确。

3.充满金属质感的玻璃隔断，将居室打造得分外时尚现代。

1.黑白两色搭配的玄关充满了冷硬的质感，镂空的分隔造型则令空间更富变化。

2.餐厅的白色镂空隔断不仅起到分隔作用，同时令用餐空间充满了艺术气息。

3.利用墙面装饰将餐厅与楼梯空间分隔开来，突出了家居层次感。

4.印花玻璃的分隔功能为餐厅营造出一种独立的用餐氛围。

1.简单的铁艺装饰，不仅展现了分隔空间的功能性，同时也烘托了居室的优雅气质。

2.镂空式隔断门的设计为居室带来了特立独行的装饰效果，非常具有个性。

3.铁艺与绿植搭配的分隔设计，令这个过道空间更加随性自然。

4.造型时尚的金属隔断墙将客厅与卧室分隔开来，增强了空间层次感。

1

2

3

4

5

1.采用竹竿来作为居室的隔断，设计感及创意感皆令人叹服。

2.简易百叶帘十分方便地分隔独立的工作空间，不用时可以收起。

3.将过道与楼梯空间分隔开来的金属隔墙，令家居充满了现代气息。

4.曲线造型的隔断设计，令过道空间的氛围更显时尚、独特的个性。

5.楼梯隔断十分具有创意，钟表的设计理念提升了整个空间的品位及格调。

中式镂空造型令居室更具韵味

镂空类造型如窗棂、花格等可谓是中式家居的灵魂，常用的有回字纹、冰裂纹等。在中式古典风格的居室可以将这些元素运用到隔断设计中，不仅可以令居室具有丰富的层次感，同时还能立刻为居室内增添古典韵味，从而成就出一个高品质的居家环境。

1.实木镂空隔断为中式家居带来拙朴、稳重的空间氛围。

2.颇具装饰效果的中式分隔设计，将客厅与阳台分隔开，凸显了客厅的中式风情。

3.起到分隔作用的格栅设计虽然简单，但却完美地展现出了客厅空间的独立感。

4.黑色的镂空格栅设计令空间风格更加严谨稳重。

1

2

3

1.花纹图案的镂空隔断为居室带入雅致的氛围，其木质材质所散发出的温柔质感亦令空间彰显温馨。

2.复古的镂空隔断将餐厨空间分隔出来，令用餐氛围更加安静。

3.中式风情浓郁的隔断为居室增添了古色古香的韵味。

1.颇具复古感的推拉式分隔设计，为用餐空间带来别样的风韵。

2.餐厅背景墙运用实体墙与中式木质隔断相结合的手法，令居室氛围更具格调。

3.造型雅致的镂空装饰墙将餐厅与其他空间分隔开来，并增强了空间整体感。

4.简洁的木质隔断将居室塑造得整洁而有秩序。

5.格栅门分隔了餐厨空间，有效地阻隔了厨房的油烟飘散到餐厅，令用餐者心情愉悦。

1.黑色的中式花纹隔断成为居室的视觉中心，为居室带来雅致的氛围。

2.木质隔断门其温润的姿态，令卧室呈现出宁谧的氛围。

3.“卍”字形的中式花纹隔断，更添居室古朴雅致的气息。

1.中式镂空的分隔设计，保证了书房的采光需求。

2.古色古香的木质镂空隔断，将居室塑造得韵味十足。

3.简洁的中式隔断既起到了分隔空间的作用，又独具美观效果。

4.古朴的木质隔断在分隔空间的同时，也为这个空间添加了无限风韵。

1.中式镂空隔断与古木造型相结合，令居室彰显出古朴雅致的格调。

2.简单的中式格栅有效地分隔了空间，令厨房操作更加独立。

3.起到分隔作用的镂空实木隔断，在烘托居室氛围的同时，又满足了家人对光照的需求。

4.复古气息浓郁的木质隔断将玄关打造得古色古香。

5.通透感十足的木质隔断搭配玻璃墙面，起到了扩大玄关空间感的作用。

百变木制造型隔断为居室带来百变容颜

木材在家居中的运用十分广泛，不仅可以以家具居的身姿出现，也可以运用到居室的任意角落。比如，可以在家居中用木材设计成一处隔断，其丰富的造型不仅可以为居室带来百变的容颜，而且其温润的质感还可以令居室氛围呈现出温馨雅致的格调。此外，木质造型还不会阻隔居室中的光线，可谓是一举多得的设计手法。

1

2

1.与整体空间风格相呼应的木质格栅将玄关分隔出来，搭配纱帘让空间更加妩媚温馨。

2.沙发背景墙采用装饰木材与黑镜来塑造，令居室更具层次感。

3.白色的实木桩将客厅与餐厅分隔开来，让空间更加具有层次感。

3

1.简约风的木质格栅，在分隔空间的同时让玄关充满了自然、休闲的气氛。

2.天然木质的格栅墙面，既分隔了卧室空间，又为空间增添了自然气息。

3.木质隔栅的分隔作用，虽简单却能使卫浴层次分明。

4.过道的木质格栅不仅能够分隔空间，并且烘托了家居的稳重氛围。

1.简洁的木质格栅墙将卧室与书房两个功能空间分隔开来。

2.红色的实木桩搭配玻璃以及花草装饰，为居室带来别样的风情。

3.起到分隔作用的格栅与整体空间的冷酷格调感相符，体现了主人的品位。

1

2

3

4

1.白色的菱形隔断为居室带来整洁容颜的同时，又充满了视觉上的变化。

2.棕色的木质格栅既为居室带来古朴的气息，又有效地对空间进行了区分。

3.白色隔断与绿植相搭配，将玄关空间从整体家居中分隔出来，形成较为独立的空间。

4.简洁的实木桩隔断为楼梯空间带来了设计感，使空旷的居室不显单调。

密度板雕花隔断成为美化空间的好帮手

在众多的隔断设计中，密度板雕花隔断可谓是美化空间的最佳帮手。其丰富的花纹设计本身就是很好的装饰，将居室装点得美艳动人。此外，密度板雕花隔断的施工工艺简单，可以避免室内装饰大动干戈，从而节约装修过程中的预算。

1.客厅中的密度板雕花隔断与色彩艳丽的壁纸，共同为客厅带来了美丽的容颜。

2.简单的密度板雕花造型，既起到了分隔空间的作用，又起到了装饰效果。

3.餐厅的餐边柜与镂空的分隔设计相搭配，营造出了一个唯美的用餐空间。

1.密度板雕花造型的分隔设计，非常适合采光不佳的餐厅。

2.密度板雕花隔断将用餐空间从玄关分隔出来，让人能够更加悠闲地享受美食。

3.居室中的密度板雕花设计与沙发图案遥相辉映，美化了空间的视觉效果。

4.密度板雕花隔断与天鹅绒材质的墙面相结合，为居室带来低调中不失奢华的氛围。

1.红色的密度板雕花隔断成为点亮空间的手笔，令居室的色彩更加灵动。

2.镂空的密度板雕花隔断增加了过道空间的采光性，同时也保持了整体的空间感。

3.白色镂空密度板雕花隔断令书房空间隔而不断，其推拉式的造型亦节省了不少空间。

4.一扇白色的密度板雕花隔断成为装饰空间的点睛之笔，令不大的居室充满了视觉变化。

隐性式隔断

隐性式隔断是指将一个原有的整体空间，利用顶面高低、灯光、地面材料等的不同来分隔成隐性的两个以上区域的设计手法。顶面高低是利用顶面的高低差异来分隔不同的区域，具有空间的艺术性与层次性，但对家居原本的顶面高度有所要求，否则，被抬高的部分会让人觉得很压抑。以灯光为隔断，是依靠照明器具，或者用不同的照明度、不同的光源，来分隔空间的设计。这种设计常会形成不同光感的空间效果，极具美感，这是一种近乎奢侈、难度很高，却是当代最时髦的一种分隔空间的手法。地面材料隔断来区分空间，一般手法是在会客区铺地毯，在餐厅铺木地板，通道处用防滑砖等。

两个空间，两种高度

在居室设计中，两个空间的分隔形式有很多，其中，将某一空间的地面抬高，从而做到隐性分隔的形式是一种新颖而独特的设计方式。这种设计不仅起到了传统的分隔作用，又能轻易地凸显出空间的层次，是一举两得的设计手法。需要注意的是，被抬高的高度最好控制在10~20厘米，用大芯板做龙骨的施工工艺最为常用。

1.客厅与餐厅之间采用不同的高度来区分，令居室的层次更加分明。

2.将电视墙的装饰隔墙作为客厅与餐厅地面抬高的一部分，令空间设计得以延续。

3.将客厅后面的空间抬高作为用餐空间，令空间和谐中不失特性。

1

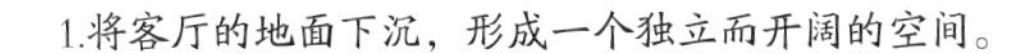

1.将客厅的地面下沉，形成一个独立而开阔的空间。

2.沙发后的空间做了地面抬高式处理，既划分出一个休闲区域，又令空间有了丰富的表情。

3.客厅与阳台之间的分隔采用了地面抬高的形式，有效地划分了空间。

4.将阳台的地面抬高，用以区分和客厅的空间，使居室更富层次感。

2

3

4

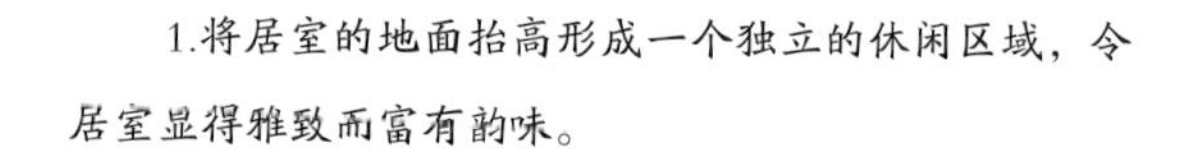

1.将居室的地面抬高形成一个独立的休闲区域，令居室显得雅致而富有韵味。

2.客厅与餐厅之间采用不同高度来划分空间，形成视觉上的跳跃。

3.居室中采用不同的高度来区分功能区域，令空间极具个性。

4.被抬高的区域不仅提升了空间的层次，又令居室显得更加开阔。

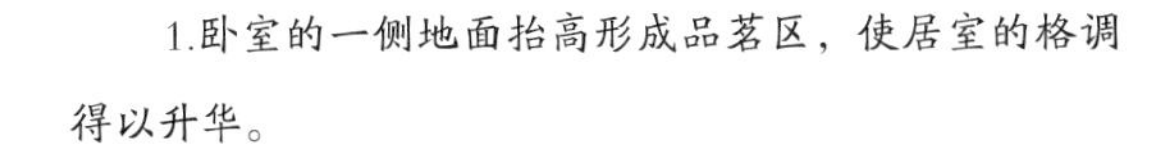

1.卧室的一侧地面抬高形成品茗区，使居室的格调得以升华。

2.将阳台区域抬高，形成一个小型休闲区，使惬意的氛围盈满居室。

3.两种不同高度的居室设计，时尚而独具新意。

4.将书房空间的地面抬高，从而形成一个独立而雅致的学习工作区。

利用不同形式的吊顶来做空间的隐性分隔

用吊顶的装饰来做象征性区域分割的方法，最常见的有两种：一是直接在空间分界的地方用明显的线条来分隔，这种分隔方法简单明了，分区明确，但缺点是装饰性不够；另一种就是用不同的装饰方法来布置。需要提醒的是，这种空间分隔方法的好处是一劳永逸，并且不影响整体空间通透性；但缺点是若想调整，则需大动干戈。

1.客厅与餐厅之间采用不同的吊顶形式来区分，丰富了视觉上的变化。

2.客厅与餐厅共处同一区域，仅在餐厅处做了吊顶的不同设计，有效地划分了空间。

3.客厅与餐厅之间的吊顶运用明显的分界来进行区域上的划分，既简单又明确。

1.不同的吊顶形式将客厅与餐厅空间做了划分，令居室更具灵活性。

2.客厅与餐厅之间不同形式的吊顶，为空间带来了视觉上的变化。

3.客厅与餐厅之间的吊顶形式一方一圆，既和谐又独具特性。

4.客厅的吊顶形式简单，餐厅吊顶做了简单设计，既节省了预算，又有效地划分了空间。

1

2

3

1.餐厅的吊顶简洁，而客厅的镜面吊顶则为空间带来现代感，两种吊顶将空间区域划分得十分明晰。

2.餐厅与客厅的吊顶和谐统一的同时，又不动声色地进行了空间的划分。

3.弧形的吊顶不仅在居室中划分出一处休闲的吧台区域，又将客餐厅做了分隔，可谓一举两得。

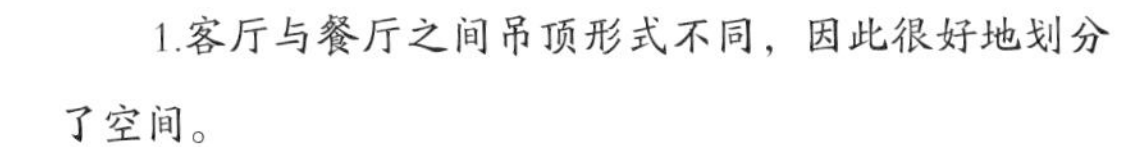

1.客厅与餐厅之间吊顶形式不同，因此很好地划分了空间。

2.餐厅吊顶做了特殊设计，用以区分与客厅的空间。

3.客厅与餐厅的吊顶采用了两种不同的材料来设计，丰富了空间的表情。

4.不规则的吊顶对空间做了划分的同时，也令居室的表情更加丰富多样。

利用不同表现形式的同一材料来美化居室容颜

在家居装饰装修中，利用不同表现形式的同一材料来美化居室容颜，是一种既节省预算，又轻易出效果的装饰手段，同时还可以作为不同空间的隐性分隔。例如，居室的地面铺设，可以采用不同纹理、花型的地砖来进行空间的区分。需要注意的是，图案的选择方面虽然没有特殊要求，但不要因为凸显特立独行，而令两个空间的反差太大。

1.不同形态的实木复合地板将空间区域划分，和谐而又各自独立。

2.两种花型的实木复合地板在划分区域的同时，也美化了空间。

3.客厅与休闲区之间采用不同形态的实木复合地板来区分，丰富了空间的层次感。

1.不同花纹、不同色彩的地砖将居室塑造得变化多端。

2.不同图案的仿古砖令居室的表情更加丰富多样。

3.客厅与玄关之间运用了不同形式的实木复合地板，为空间带来更为丰富的容颜。

1

2

3

1.两种不同色泽与图案的地砖将居室分隔得清晰而明确。

2.居室中的一部分地面采用和墙面同色系的色彩，另一部分采用反差色，整个空间呈现出与众不同的容颜。

3.不同形态的仿古砖将客厅与餐厅做了有效的区分，也丰富了居室的视觉变化。

1

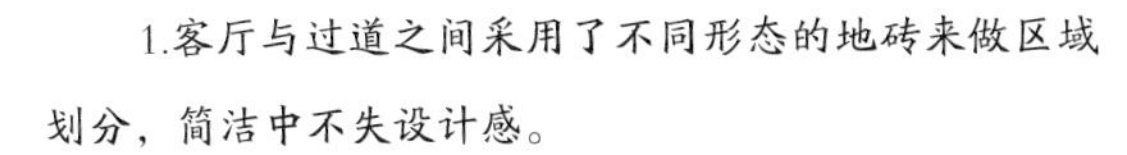

1.客厅与过道之间采用了不同形态的地砖来做区域划分，简洁中不失设计感。

2.厚重的仿古砖为居室奠定了庄重的基调，而不同的形态则灵动了空间的容颜。

3.玄关过道处的地面加入了爵士黑大理石地砖，用以区分和客厅的空间，丰富了空间的表情。

4.不同色泽与花纹的地砖对空间区域做了有效的划分。

2

3

4

不同的地面材料令居室的隐性分隔更突出

在居室的隐性分隔设计中，采用不同的材料来进行划分也是惯用的设计手法。两种不同材质的搭配使用，更容易出装饰效果。例如，板材和石材的搭配，一柔一刚，令居室氛围呈现出不同的形态特征；而地毯和板材的结合使用则可以令居室的温馨感骤然上升，为居者带来惬意的享受。

1

2

1.客厅地面选用地毯，餐厅地面用实木地板呈现，两种材质的温柔质感令居室的氛围异常温馨。

2.实木地板结合釉面砖来对空间进行分隔，令居室的层次感分明。

3.客厅采用了大面积的实木地板来铺设，阳台则用石材来铺就，材质上的反差令居室更具质感。

3

1.玄关处的石材拼花提升了空间的美观度，而实木地板则使居室的温馨感得以延续。

2.地砖与地板的结合使用，将空间的层次划分得更为明晰。

3.仿古地砖与实木复合地板的搭配使用，为居室带来了丰富的视觉变化。

4.白色的地砖与黄色的实木复合地板相结合，提升了空间的温馨氛围。

1

1.相同色系的地砖和地板既做到了区域的划分，又十分和谐。

2.不同的地面材质将居室区域划分得非常明晰。

3.不同的空间运用了不同的材质，做到了很好的隐性分隔。

4 实木地板与釉面砖将客厅与餐厅做了隐性分隔，丰富了空间的层次。

2

3

4

1.实木地板为卧室带来温情的氛围，马赛克地砖则活跃了空间的表情。

2.不同材质的两种材料为空间做了隐性分隔，又共同为居室注入典雅的格调。

3.实木复合地板与仿古砖划分了空间的同时，也为居室带来了温馨的氛围。

4.仿古砖与实木复合地板共同呈现出的复古气质提升了空间的格调。

地毯为空间做有效的隐性分隔

在隐性分隔的设计手法中，采用地毯为空间做有效划分是十分便捷的方法。地毯的运用不仅能起到象征分隔的效果，而且改换的余地还很大。另外，地毯的形式多种多样，花色种类繁多，在分隔空间之余，还可以起到美化空间的作用。在做空间分隔时，既可以在两个空间同时运用地毯，也可以只在一个空间运用。

1

2

1.客厅与餐厅之间运用相同的地毯作为空间的分隔，既和谐又统一。

2.在客厅铺设地毯来做空间的分隔，既简单又提升了空间的暖意。

3.采用地毯来对客厅与餐厅进行分隔，丰富了空间的层次。

3

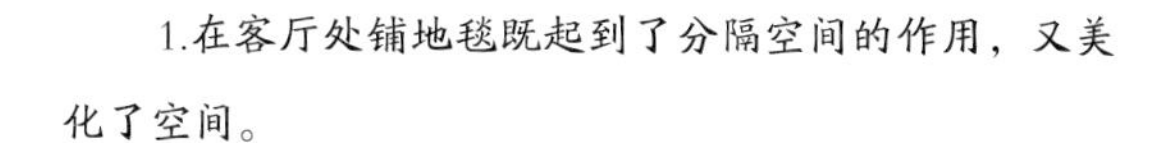

1.在客厅处铺地毯既起到了分隔空间的作用，又美化了空间。

2.奶牛图案的地毯不仅对客餐厅进行了分隔，也为居室带来了丰富的视觉效果。

3.客厅与餐厅同时铺设地毯，将空间做了很好的区分。

4.客餐厅的绿色地毯与沙发的色泽相同，分隔空间的同时，也令居室的整体风格得以延续。

1

1.花色艳丽的地毯在区分空间的同时，也为居室带来美丽的容颜。

2.一块小地毯就轻易地划分出用餐空间，既有效分隔了空间，预算又不多。

3.在面积较大的居室中，可以运用地毯来划分空间，既合理地利用了空间，又为空间注入了更多的功能。

4.运用地毯在同一空间中划分出两个会客区域，既体现了风格上的统一，又各自独立。

2

3

4

柜体式隔断

柜体式分隔设计主要是运用各种形式的柜子来进行空间分隔，这种设计能够把分隔空间和贮存物品两者的功能妙地结合起来，既节约费用，又节省空间面积；既增加了空间组合的灵活性，又使家具与室内空间相协调。柜体式分割设计可以分为两大类，一种为橱柜、博古架、书架等高大的柜体隔断，这种隔断往往都具有强大的收纳功能；另一种为矮柜式分隔设计，这种分隔属于半封闭式或敞开式空间分隔形式，用于将空间分隔成两个功能不固定的区域。作为分隔空间的矮柜高度最好在 0.9 米到 1 米之间，太高可能会影响到通风和采光，也会令顶面空间显得较小。

身姿小巧的矮柜将居室进行分隔、收纳两不误

在居室中，如果想做既实用又美观的隔断，可以考虑用矮柜来做分隔。矮柜的规格尺寸统一，制作简单，功能较多，既能存放衣物，又可以在柜体的上部放些装饰品，起到装饰柜的作用。此外，还可以运用矮柜结合其他装饰材料的手法来做隔断，这样的设计在进行空间分隔的同时，也起到了美化空间的作用。在颜色搭配上，如果整体风格的色彩很丰富，就不用过于强调柜子的颜色；如果风格是素雅的，其他家具是深色的，柜子最好就选用浅色调。

1

2

3

4

1.简单的鞋柜，既令玄关空间整洁清爽，又能将客厅分隔独立出来。

2.复古的矮柜在起到分隔作用的同时，也提升了居室的格调。

3.欧式风情的矮柜与居室整体风格相符，其上的绿植为居室注入了新鲜的空气。

4.矮柜与木质格栅相结合，既分隔了空间，也为居室带来木质所特有的温润感觉。

1

2

3

4

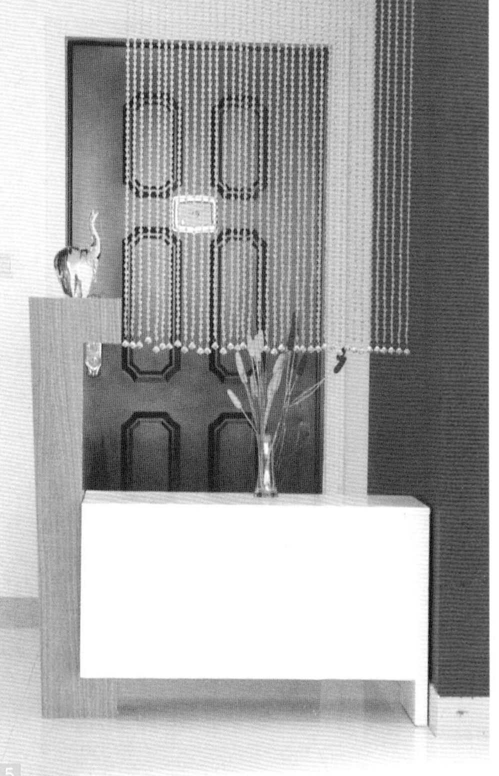

5

1.餐厅旁的矮柜既可以作为空间的分隔，其强大的收纳功能也为零碎的物件找到了安家之所。

2.矮柜加半封闭墙体的分隔方式，令居室既通透，又明亮。

3.玄关处的白色矮柜既满足了收纳作用，又起到了分隔作用。

4.玄关处利用矮柜加珠帘的形式，起到了分隔玄关空间与楼梯空间的作用。

5.玄关处的矮柜不仅分隔了空间，而且还起到了装饰的作用。

1.矮柜加玻璃的分隔方式既简单，又有效地区分了空间。

2.白色的矮柜令空间的亮度得以提升，同时很好地划分了空间。

3.简单的矮柜造型将用餐空间从整体家居中分隔独立出来，并且为空间增添了收纳能力。

4.床边的矮柜造型可爱，既分隔了空间，又为空间带来了童趣。

1

2

3

4

1.玄关处的矮柜加木质格栅的整体设计，既分隔了空间，还可以作为换鞋时的临时座椅。

2.酒柜的设置增添了餐厅的展示功能，同时也起到了分隔空间的作用。

3.矮柜与珠帘的结合，分隔空间的同时，也丰富了居室的表情。

4.起到分隔作用的矮柜不仅收纳功能强大，与之搭配的玻璃也起到了令空间通透的作用。

变体式矮柜令居室分隔独具个性

利用矮柜进行空间的分隔是常见的隔断形式，而变体式矮柜分隔在居室中的运用则并非那么常见。所谓的变体式矮柜，就是将常规的矮柜做其他形式的变体，比如，它可以是一个小型的装饰架，也可以是其他空间的一部分。这种变体矮柜既起到了划分空间的作用，也令居室分隔独具个性。

1.低矮的装饰架既起到了分隔空间的作用，又可以作为书架，其独特的造型还起到了装饰空间的效果，可谓一举多得。

2.造型独特的装饰架，为居室主人带来了时尚的气息。

3.矮柜加玻璃的形式，既可以作为空间的划分，也可以当做一个小型展示台。

1

2

3

4

1.利用厨房柜体的一部分作为划分空间的隔断，一物多用，减少了预算。

2.阳台处的分隔，作为柜体的变体，既起到了分隔的作用，又兼具装饰效果。

3.客厅与卧室之间用隔而不断的矮柜与立柱做分隔，令居室呈现出独特的设计感。

4.将厨房墙面做高，便成了厨房空间的分隔设计，令空间更具层次感。

收纳功能强大的收纳柜为居室做有效分隔

收纳柜是居室中收纳的必需品，若想令居室不过于凌乱，合理的收纳是必不可少的，这也体现了收纳柜在家居装饰中的重要地位。收纳柜除了可以作为收纳使用，还可以巧用为隔断，不仅节省空间，还节约预定，可谓一举多得。另外，收纳柜的造型花样百出，各式各样的设计不仅具备超强的储物功能，同时也给客厅空间增加更多装饰性的色彩。

1

2

1.收纳功能强大的柜体既起到了分隔空间的作用，也装饰了居室。

2.玄关处造型独特的收纳柜，起到分隔空间的同时，也提升了空间的艺术性。

3.弧形的收纳柜为居室带入了灵动的表情，同时也起到了分隔空间的作用。

3

1.利用酒柜收纳柜将餐厅分隔成独立的空间，同时还可展示主人的收藏品。

2.玄关处的收纳柜不仅起到了分隔空间的作用，也起到了很好的装饰效果。

3.收纳柜为餐厅增加了收纳功能，并且起到了分隔空间的作用。

1.白色的收纳柜搭配珠帘，将居室风情缭绕得异常富有情调。

2.简约的白色收纳柜在起着分隔空间功能的同时，也装饰了空间。

3.白色的收纳柜，不仅是分隔空间的好帮手，也是美化居室的好搭档。

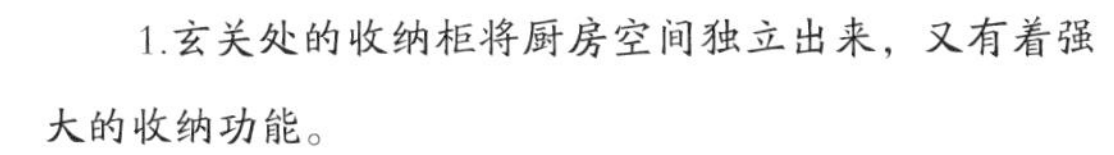

1.玄关处的收纳柜将厨房空间独立出来，又有着强大的收纳功能。

2.造型独特的装饰柜为居室带来时尚的况味。

3.木质收纳墙不仅可以收纳物品，并且为卧室分隔出独立的休息区。

4.收纳柜将卫浴从过道中分隔出来，成为独立的空间。

利用书架做分隔，令居室文化味十足

在居室的设计中，不妨用空间隔断书架取代隔断墙来分隔空间，不仅低碳环保，又能方便在被分隔的区域内阅读和收纳书籍。这种书架非常适合用在客厅与书房之间、卧室睡眠区和休息区之间等需明显间隔的空间中，至于书架的高度，则可以根据室内的采光选择。

1.沙发后的书柜不仅分隔了空间，而且还方便了阅读，可谓一举两得。

2.活动式书架既分隔了空间，并且移动方便，十分灵活。

3.利用书架来划分空间，令居室的文化味道十足。

1.利用书架来做空间的分隔，既通透又实用，其间的拉帘则起到隔音的效果。

2.在楼梯下利用一个书架作为分隔，非常具有创意。

3.利用书架作为客厅与书房之间的分隔，既实用，又不乏美观。

4.连接顶面与地面的装饰书架，分隔了空间的同时，也令居室显得十分大气。

博古架、展示架共同成为既美观又通透的隔断设计

博古架与展示架的共通之处在于可以美化空间，如果在居室中运用这两种柜体作为分隔，则能起到很好的装饰作用。其中，博古架具有高雅、古朴、新颖的格调，非常适合中式复古家居；展示架则拥有时尚、现代、奢懿的形态，非常适用于欧式、现代的家居风格。

1

2

3

4

1.古朴大气的博物架与空间的整体气质相符，也起到了分隔的作用。

2.利用博古架作为分隔门，设计手法新颖，又为居室带来了很好的装饰性。

3.简洁古朴的博古架，分隔了过道与客厅，让空间更具层次。

4.简易的博古架不仅满足了居室收纳展示的需求，同时也充当了过道的分隔设计。

1.沙发后的博物架不仅起到了装饰客厅的作用，也做到了很好的分隔效果。

2.利用简易的博古架与文化石的搭配手法，令居室彰显出与众不同的格调。

3.沙发后的博古架既能分隔空间，又具有展示性，同时能恰如其分地体现中式家居的韵味。

4.热烈的红色柜体分隔设计，在分隔空间的基础上增加了展示、收纳的作用。

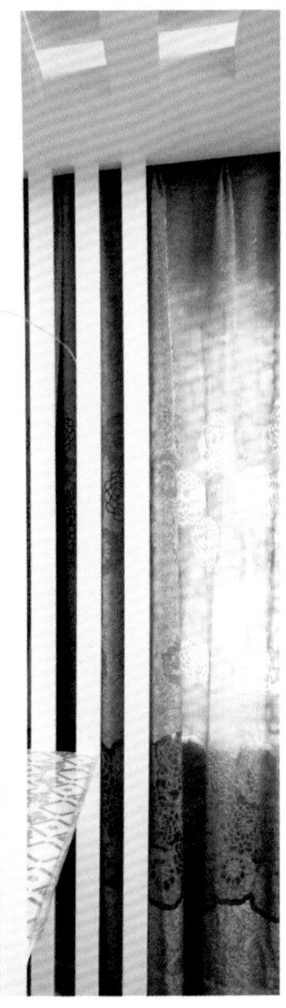

1.大型的展示架既可收藏物件，又可展现空间灵活的分隔功能。

2.白色的展示架，设计手法简单，又对空间做了有效的划分。

3.利用玻璃展架将书房与其他空间分隔开，为书房带来时尚的氛围。

4.白色的装饰架既起到了分隔空间的功用，又是很好的装饰品。

活动式隔断

活动式分隔设计具有采光好、隔音强的特点。它融合现代装饰概念，既拥有传统的围合功能，更具储物、展示效果，不仅节约家居空间，而且可使空间富有个性。活动式分隔一般分为：拼装式、推移式、折叠式、悬挂式、卷式等。活动式分隔的材质有很多种，玻璃、金属、布艺、竹木都是可以选择的材质，还有一些流动性比较大的屏风，如流线类及流珠类的屏风。

活动式分隔给家居带来很大的方便，比如活动屏风，在需要的时候可以将它伸展开，形成独立的空间氛围，不需要时就折叠起来，使两个空间合并起来而显得空间更大。

珠帘为居室带来浪漫时尚的容颜

珠帘具有容易悬挂、容易改变的特点，花色多样且经济实惠，可以根据房间的整体风格随意搭配。用轻巧的珠帘把空间一分为二，可创造两个温馨浪漫的空间，而需要一个大空间时，只要将珠帘重新拉开就可以了。在选购时要注意考虑到整体家居的色调、色彩的搭配很重要。强烈鲜艳的颜色，会让居室显得活泼；质感厚重的深色调，会令居室显得紧凑；淡雅素净的暖色，能让居室显得温馨。

1.垂直而下的珠帘，将空间营造得非常有格调。

2.沙发的一侧采用珠帘作为分隔，既时尚又浪漫。

3.沙发背后晶莹的珠帘，为客厅注入浪漫的气息。

1

2

3

4

5

1.华丽的珠帘将餐厅与卧室做了分隔，营造出浪漫唯美的基调。

2.隐约可见的珠帘为居室带来雅致的氛围。

3.倾泻而下的珠帘令居室彰显出流动的美感，也令居室的美观度大大提高。

4.五彩斑斓的珠帘不仅分隔了餐厅空间，并且增添了用餐氛围。

5.珠帘将尊贵风情的餐厅分隔独立出来，并增添了清爽感。

1.唯美的珠帘为卧室带来了浪漫的情怀，也起到了很好的分隔作用。

2.红色珠帘有效地分隔了空间，并为卧室营造出温情的气氛。

3.精致的珠帘不仅满足了卧室的分隔需求，更增添了空间装饰性。

4.珠帘将书房与卧室分隔开来，营造出独立的书房氛围。

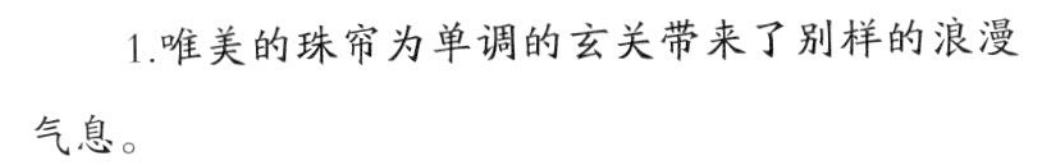

1.唯美的珠帘为单调的玄关带来了别样的浪漫气息。

2.具有分隔效果的珠帘的简洁造型，为稳重的书房氛围带来一丝活泼。

3.在中式风情的居室运用珠帘作为隔断，弱化了居室沉重感。

4.珠帘既能起到分隔空间的作用，又能令这个时尚的玄关多了几分柔美感。

5.珠帘为卫浴形成了隔而不断的空间感，并且增添了柔美的气氛。

飘逸的线帘将居室营造得更唯美

线帘以它那千丝万缕的数量感和若隐若现的朦胧感，点缀于家居的区间分隔之处，为整个居室营造出一种浪漫的氛围。 微风起时，线帘随风“流动”，此时才体会到原来家居也可以风情万种。线帘的种类很多，羽毛线帘、花朵线帘、多色线帘、扁银线帘、彩银线帘、爱心提花线帘、金银丝线帘、单色线帘等不一而足，每一种都将居室打造得十分唯美。

1

2

1.用线帘作为客厅与玄关的隔断，非常简洁，并且美观度十足。

2.飘逸的线帘，既有效地区分了空间，又令空间具有通透感。柔和的线帘起到了分隔作用，令客厅多了层朦胧感。

3.黑色的线帘作为客厅与餐厅的隔断，丰富了空间的表情。

3

1.弧形的线帘，其分隔作用令玄关空间充满了朦胧美。

2.沙发后面的线帘，为客厅带来清逸的感觉。

3.线帘与玻璃相搭配，既分隔了餐厅空间，又为餐厅增添了柔和的气息。

4.用缥缈的线帘区分客厅的不同功能，非常具有创意。

1.白色线帘与餐桌椅相协调，在增加用餐氛围的同时，为空间分隔出独立感。

2.黑色的线帘十分飘逸，为居室带来了唯美的视觉效果。

3.装饰线帘的分隔设计为卧室打造出一个独立的收纳衣帽空间。

4.浪漫的线帘为餐厅空间带来了朦胧的美感。

1.白色线帘既可作为卫浴的分隔设计，又能起到装饰空间的作用。

2.线帘搭配电视墙造型，令客厅的空间分隔感更加突出。

3.线帘与搁架相搭配，不仅分隔了玄关空间，而且令空间既冷静又优雅。

4.优雅的白色线帘将这个集梳妆、办公于一体的空间从整体家居中分隔出来，凸显了空间的层次感。

5.拥有分隔空间能力的线帘让人一进门就能感受到主人细腻的心思。

布艺隔断令居室表情更加灵动

布艺在家居装饰中的优势是显而易见的，可拆洗，所以环保实用；可更换，且价格不贵；布艺的吸音效果，还可以打造出一间完美的影音室：既有非常好的环绕音响效果，又不会干扰到其他空间。除此，还有一个少有人提及的妙处，那就是布艺分隔空间的作用。与墙的作用相同的是，一块布帘就可以将空间分割，但它不是一成不变的，既可以用棉布或丝绸等不透光布料让分隔出的两个空间相对独立，也可以用透明的纱帘，让两个空间有所“对话”。

1.简单的纱帘，就能将吧台与客厅空间相分隔，强调了空间的功能性。

2.简单的纱帘装饰，将餐厨空间与客厅分隔开来。

3.布艺拉帘设置在沙发后面，起到了分隔客厅与卧室的作用。

1.飘逸浪漫的纱帘为卧室与卫浴做了有效分隔，也令居室氛围更加唯美。

2.白色的布艺拉帘将居室打造得更加富有韵味。拉上时，可以围合出静谧的睡眠环境；打开时，则露出居室的美丽容颜。

3.即使是在卧室阳台处设置了书房，也可利用布艺拉帘来有效地分隔这两个空间。

4.镂空的布艺拉帘令居室的表情更加丰富，起到了很好的装饰效果。

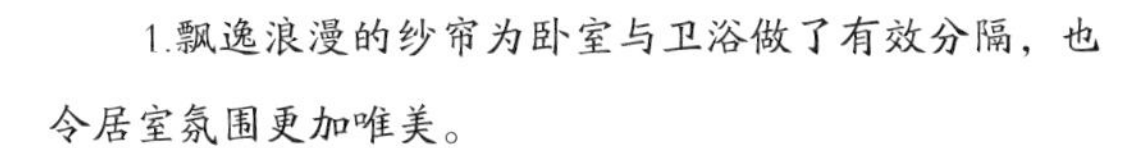

1

2

3

1.透光效果极佳的布帘将客厅与书房分隔开来，各自独立，又和谐统一。

2.粉色的纱帘在起到分隔作用的同时，也将居室的氛围营造得异常甜美。

3.深色系的纱帘不仅没有阻碍书房的采光，同时又完美地分隔了空间。

1.绿色的纱帘不仅分隔了空间，也为居室带来清新的格调。

2.白色的布艺拉帘将衣帽间与其他居室做了分隔，令居室表情更加素整。

3.轻柔的玫红色纱帘，为卫浴进行了简洁的干湿分隔。

4.柔美的纱帘为居室带来了分隔功能的同时，也强调了多元化的空间感。

5.纱帘与玻璃墙将卫浴空间从卧室中分隔出来，令空间更具层次感。

卫浴中小浴帘的大用途

浴帘是悬挂在带淋浴喷头的浴缸外面、或者淋浴周围的窗帘状物品。浴帘传统来说由塑料、布等材料制成。在室内温度较低的时候，浴帘有聚拢热蒸汽，维持淋浴区局部温度的作用。主要作用为防止淋浴的水花飞溅到淋浴外的地方，以及为淋浴的人遮挡。此外，浴帘也可以作为软性隔断，将卫浴空间装饰得更为俏丽。

1

2

1.白色的浴帘既起到了分隔沐浴区与洗漱区的作用，还令居室氛围显得更加飘逸。

2.绿色浴帘不仅具有分隔作用，同时还能为卫浴带来自然的气息。

3.白色浴帘与黑色窗帘相对比，在进行了干湿分隔的同时强化了浴室风格。

3

1.白色的浴帘不仅分隔了空间，更烘托了卫浴的清新感。

2.能够起到分隔作用的浴帘与整体卫浴风格相搭配，烘托了空间的清新氛围。

3.浴帘作为空间的分隔设计与马赛克相搭配，让卫浴更显清新。

4.为浴缸配置一幅浴帘，体现了卫浴干湿分隔的需求。

融实用性、欣赏性于一体的屏风隔断

屏风是家具的一种，作用在于间隔出一处特定的空间，有防止光及风直入室内的作用。屏风适合用于更衣、沐浴、睡觉等私人活动。屏风不仅可以起到分隔空间的作用，也兼具装饰性，既需要营造出“隔而不离”的效果，又强调其本身的艺术效果。它融实用性、欣赏性于一体，既有实用价值，又赋予屏风以新的美学内涵，是极具民族传统特色的手工艺精品。

1

2

1.古色古香的中式屏风不仅分隔了空间，也起到了很好的装饰作用。

2.可移动的屏风将客厅空间与其他空间分隔开来，十分灵活。

3.雕花屏风将居室的韵味点染得更加浓郁，也起到了分隔空间的作用。

3

1.中国画图案的装饰屏风将空间点染得韵味十足。

2.可移动的中式屏风将居室氛围塑造得古色古香。

3.个性的玻璃屏风有效地起到了分隔作用，令家居更加层次分明。

4.具有分隔作用的艺术屏风为客厅带来别样的空间感，增强了空间装饰性。

1

2

3

4

1

2

3

1.餐厅处的可移动屏风不仅有效地划分了空间，并且将居室营造得更具格调。

2.木质屏风与客厅整体色调相搭配，其分隔空间的功能令客厅更加独立。

3.中式花纹的屏风彰显出主人高雅的格调，也将居室区域进行了有效分隔。

1.具有分隔功能的中式屏风，为卧室空间增添了宁静与优雅。

2.清新的白色屏风分隔了空间，让客厅的会客区更具独立性。

3.白色的铁艺屏风将居室风情缭绕得更加妩媚，令居室体现出一种女性的美感。

4.铁艺屏风不仅分割出一个独立的玄关空间，其优雅的花纹更让空间充满质感。

身姿灵活的活动隔断门

隔断门作为门的一种，应用于隔断装修，既可以用作门，又有隔断的作用，对分开的两个空间起到驳合、引导和过渡的作用，是连接空间的纽带。隔断门的材质有很多种，如实木门、复合门、玻璃门等。隔断门的分类也多种多样，包括折叠门、移门、活动轨道门、隔断移门、折叠移门、平开门、滑动门等。总而言之，根据隔断的样式及需要来搭配适当的隔断门是设计时应该考虑到的。

2

1

3

4

1.花纹丰富的移门设计既分隔了空间，又令居室具备了灵活的身姿。

2.活动式的中式格栅门将厨房空间分隔成了一个自由、独立的空间。

3.具有分隔作用的折叠门将玄关空间打造得分外古典。

4.活动式隔断门将客厅与阳台做了有效分隔，形成了隔而不断的空间。

1.带有镜面的折叠门不仅起到了分隔空间的作用，也在无形中放大了空间。

2.活动式隔断门以其灵活的身姿为居室做了完美的分隔。

3.可活动的屏风门，将卧室从家居中分隔出来，营造出完美的休息空间。

4.家居中设置了可活动的玻璃隔断门，在满足分隔空间的基本功能的同时，令家居空间更加时尚现代。

沙发、座椅成为居室中活动的软隔断

在居室设计中，沙发和座椅也可以成为空间中的隔断，这种隔断不用费心设计，仅需在正常摆放家具的同时，将隔断的概念融入其中即可。比如，客厅和餐厅之间的分隔，可以将客厅中的沙发摆放成L形或U形，利用一侧的沙发不动声色地就为空间做出了分隔。因为这种设计手法简洁，且容易实现，因此在家居隔断中可以广泛运用。

1

2

1.宽大的沙发将客厅区域进行了分隔，沙发后面分隔出了一个小书房，使空间得到了最大化的利用。

2.简洁的座椅发挥着不容忽视的作用，既完成了本身的使用功能，又为空间做了分隔。

3.利用沙发的摆放区分出客厅与餐厅的空间，非常具有创意，且易于实现。

3

1.中式座椅将空间做了有效分隔，也为居室塑造出复古的容颜。

2.随意摆放的座椅将客厅分隔出一个阅读区，丰富了空间的使用功能。

3.沙发的摆放为居室分隔出一个小型书房，令居室的文化韵味十足。

4. U形摆放的沙发既完成了会客功能，也在无形中发挥着分隔空间的作用。

1

1.沙发与简洁的装饰架形成了客厅与其他空间的分隔，并起到了装饰的作用。

2.两个低矮的小沙发座椅不仅分隔了空间，并且丝毫没有影响居室的采光。

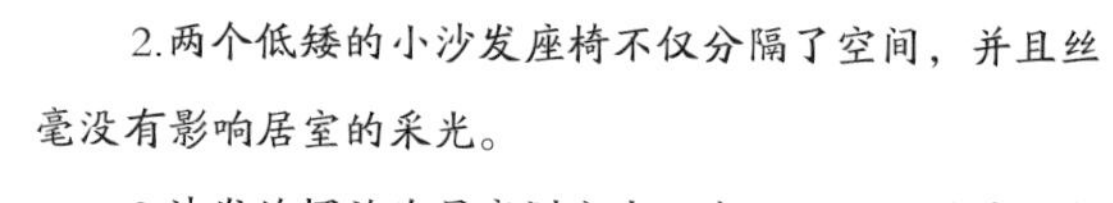

3.沙发的摆放为居室划分出一个品酒区，提升了空间的格调与品位。

4.具有华贵风格的沙发令居室氛围彰显出奢华的同时，也起到了分隔空间的作用。

2

3

4

固定式隔断

固定式分隔常用于划分和限定家居空间，由饰面板材、骨架材料、密封材料和五金件组成。固定式的分隔设计多以墙体的形式出现，既有常见的承重墙、到顶的轻质隔墙，也有通透的玻璃隔墙、不到顶的隔板等。一般固定式分隔分为两种。简单分隔：不具备任何附加功能，可以遮挡视线，也可以不遮挡视线；可以到顶，也可以不到顶。功能性分隔：具备附加的功能，如防火、隔声、保温等。

简单又实用的电视背景墙形成隔而不断的空间

在居室中塑造一面隔而不断的电视背景墙，将客厅与居室中的其他区域进行分隔，既简单又实用。塑造此种电视背景墙的材料，既可以选择颇具质感的大理石，也可以用密度板造型的隔断，或者极具通透感的玻璃，都可以为客厅带来与众不同的时尚况味。

1.隔而不断的电视背景墙既起到了分隔的作用，又令空间显得灵活纤巧。

2.利用电视墙作为空间的分隔，是比较实用的划分空间的方式。

3.马赛克铺贴的电视背景墙，为空间带来了视觉的跳跃性。

1.半隔断的电视墙搭配珠帘，既给人以稳定感，又不失浪漫唯美。

2.客厅与书房之间用一面隔而不断的电视背景墙来塑造，既现代，又美观。

3.雪花白大理石用作电视背景墙尽显大气、稳重；隔而不断的设计更是增加了居室通透感。

4.与客厅风格相符的简约电视墙起到了分隔空间的作用。

1

1.半隔断的电视背景墙在对客厅与卧室进行分隔的同时，又为空间带来了通透的视觉效果。

2.个性前卫的墙面，在基本的分隔功能下，令客厅更具现代感。

3.隔而不断的电视背景墙将客厅与餐厅进行分隔，非常节省空间。

4.黑色的木质板电视背景墙，令空间多了一分稳重。

2

3

4

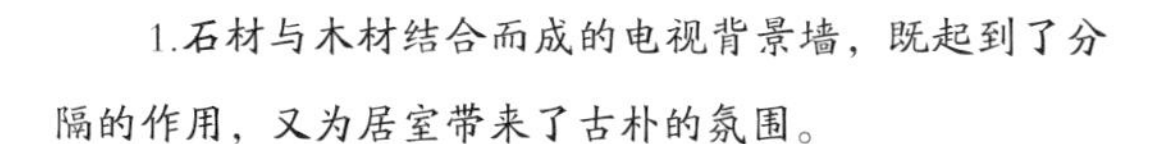

1.石材与木材结合而成的电视背景墙，既起到了分隔的作用，又为居室带来了古朴的氛围。

2.大花壁纸与板材结合而成的电视背景墙，不仅美化了居室的容颜，也起到了分隔空间的作用。

3.半隔断的电视墙结合玻璃，为居室带来了温暖通透的视觉效果。

4.用马赛克瓷砖装饰的隔而不断的电视背景墙，为空间带来现代时尚感。

半隔断墙体分隔空间的同时又避免了空间沉闷

如果居室中全部采用封闭的实体墙作为区域的分隔，虽然可以令空间安全而稳定，但不免会产生沉重的视觉效果。这时不妨运用半隔断的墙体来进行区域的分隔，不仅可以起到基本的分隔作用，又避免了空间由于中规中矩的设计而产生的沉闷感。比如，可以在沙发处做半隔断墙体的设计，也可以在卧室、过道等空间运用。

1.沙发后的半隔断墙体起到区分空间的同时，又丝毫不会阻碍居室的采光。

2.半隔断墙体将居室分隔出会客区和阅读区两个区域，扩大了居室的使用功能。

3.白色的半隔断墙在分隔空间之余，最大限度地与整体空间氛围相吻合。

4.沙发后面的半隔断墙体与玻璃结合运用，令空间更加通透。

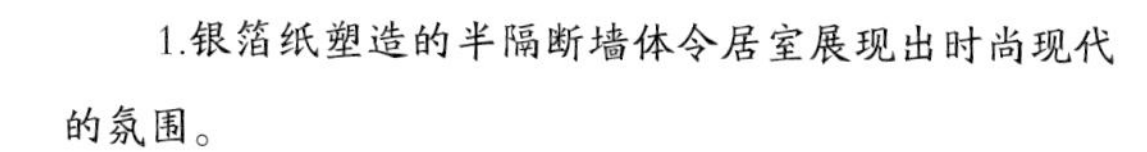

1.银箔纸塑造的半隔断墙体令居室展现出时尚现代的氛围。

2.半隔断墙体结合壁炉式设计，令居室的品位提升。

3.沙发后的半隔断墙体设计得十分可爱，为居室带来了温情的氛围。

4.半隔墙的造型设计既起到了分隔空间的作用，又不会阻挡家人视线。

1.半隔断墙体与整体居室的华美风格相符，分隔空间的同时，也美化了居室。

2.客厅与卧室之间采用半隔断墙体来划分区域，为彼此提供了独立的空间。

3.在半隔断墙体上塑造一面照片背景墙，令居室具有视觉变化。

4.造型时尚的半隔断墙体将居室装点得异常现代。

1.雕花半隔断墙体不仅起到了分隔空间的作用，也美化了空间。

2.利用半隔断墙体围合出一个小书房，实用而现代。

3.半隔的实墙分隔设计，让玄关空间既能形成独立的空间氛围，又能与其他空间保持联系。

4.半隔墙搭配地砖，就能将淋浴区分隔出来，令卫浴的布局更加合理。

5.利用马赛克铺贴的半隔断墙体区分出沐浴区和如厕区，令居室的功能得到了更合理的分配。

利用栏杆来为居室做固定分隔

在大气宽敞的空间中，可以考虑利用栏杆来作为空间隔断，这样的设计既能起到分隔空间的作用，又能为平凡的空间画上点睛一笔，可谓十分实用。栏杆的材质选择多样，木质栏杆可以为居室带来古朴温暖的气息，玻璃加铁艺的栏杆则能体现出居室时尚现代感。

1

2

1.造型雅致的楼梯栏杆不仅起到了分隔空间的作用，而且提升了居室的美观度。

2.利用楼梯的栏杆做空间的分隔，既美观又实用。

3.客厅与餐厅之间利用栏杆作为分隔，塑造出隔而不断的通透空间。

3

1

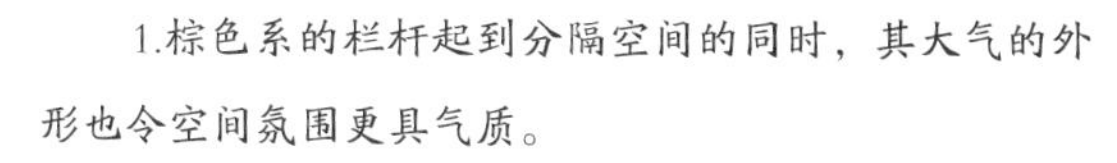

1.棕色系的栏杆起到分隔空间的同时，其大气的外形也令空间氛围更具气质。

2.木质栏杆与居室的整体氛围相符，令居室气氛更加质朴。

3.铁艺栏杆不仅区分了空间，其艺术感的造型也令空间更具现代气息。

4.古朴的木质栏杆不仅分隔了空间，亦令居室氛围极具复古情怀。

2

3

4

隔断式吧台令居室充满现代时尚感

隔断式吧台可以起到隔断和休闲的作用，既可以增加空间的时尚、灵动性，又可以使分隔的两个空间不断开联系，使得彼此保持相互呼应的效果。吧台的设计多样，或轻盈通透、或摩登俏皮，无论怎样的设计无不令居室充满现代时尚感。此外，还可以通过吧台的造型来对空间做修饰，比如以圆弧收尾的吧台，其呈现出的自然流动线条，会给人一种视觉上的流动感。

1

2

1.吧台可以作为早餐台来使用，并且起到了分隔客厅与餐厅的作用。

2.厨房与客厅之间的白色分隔墙，虽简单却能满足区分空间的需求。

3.木质吧台令居室充满了文艺气息，又起到了分隔空间的作用。

3

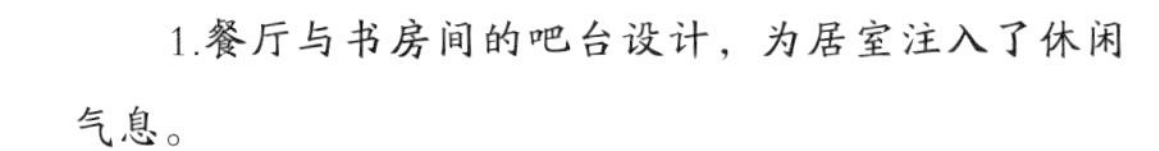

1.餐厅与书房间的吧台设计，为居室注入了休闲气息。

2.弧线形的吧台设计给人一种视觉上的流动性，为居室带来了与众不同的视觉感受。

3.利用吧台将厨房与餐厅分隔开，让餐厨空间更加多元化。

4 在沙发一隅的空闲角落，打造一处吧台，既美观又实用。

1.高调的吧台设计，不仅能作为用餐空间，同时也起到了分隔空间的作用。

2.简单的吧台设计，令整体空间的格调干净利落。

3.将厨房操作台作为早餐台来使用，并能起到分隔的作用。

4.造型独特的吧台不仅起到了分隔空间的作用，也美化了居室表情。

5.利用小吧台作为厨房和餐厅之间的分隔，既实用又时尚。

1.利用木质造型设计出一个集装饰性和实用性为一体的吧台，一举两得。

2.简洁的小餐桌设计，不仅节省了空间，而且有效地分隔了厨房空间。

3.马赛克拼贴的吧台，令居室体现出现代时尚的氛围。

罗马柱和弧形门将欧风居室的格调品位大大提升

在欧式风格的居室中，可以利用罗马柱和弧形门来作为居室的隔断，其优美的造型不仅可以提升空间的美观度，而且还可以令欧式的浪漫风情得到淋漓尽致的体现。此外，还可以将罗马柱和弧形门结合来设计，这样的手法更具创造性，也令居室的格调品位大大提升。

1

2

1.罗马柱搭配弧形门，将居室缭绕得风情无限。

2.利用罗马柱作为空间的分隔，品位十足。

3.大气高雅的罗马柱，在分隔空间的同时，也为居室注入了相同的气息。

3

1.卧室中采用罗马柱和弧形门作为分隔，令温馨的卧室极具异域风情。

2.罗马柱作为居室的隔断，将居室的欧式风情点染得异常浓郁。

3.罗马柱搭配弧形门作为居室分隔，令居室充满欧式风情。

4.弧形门的设计不仅有效地区分了空间，也令居室彰显出高雅的气质。

1.弧形门的隔断墙将居室的氛围营造得非常具有格调。

2.弧形的隔断门不仅划分了空间，也令居室的品位得以提升。

3.造型感十足的弧形隔断门不仅美化了空间，又为整体空间增添了分隔功能。

4.弧形门的设计分隔了空间，也美化了空间，同时还为卧室提供了独立的空间。

1.弧形门的设计分隔了空间的同时，也令空间极具欧式风情。

2.卧室与阳台之间利用弧形门来做分隔，令居室的视觉效果更加丰富。

3.弧形门的隔断既起到了分隔的作用，同时也美化了空间。

4.简约的木质材料在分隔空间的同时，也令家居风格更加质朴、自然。

5.圆滑的弧形墙不仅分隔了空间，也令居室的视觉效果更具流动性。

既美观又实用的玻璃隔墙

玻璃材质的空间分隔设计，又称玻璃隔墙。主要作用是使用玻璃作为隔墙将空间根据需求划分。玻璃的分隔手法通常采用钢化玻璃，因其具有抗风压性、寒暑性、冲击性等优点，所以更加安全、牢固和耐用，而且钢化玻璃打碎后对人体的伤害比普通玻璃小很多。一般的玻璃分隔设计材质有三种类型：单层、双层和艺术玻璃。优质的玻璃分隔应该是采光好、隔音防火佳、环保、易安装并且可重复利用。

1.印花玻璃作为分隔空间的材料，既有装饰作用，又可以令空间显得通透。

2.具有复古风情的磨砂喷花玻璃为居室带来了美丽的容颜。

3.通透的玻璃隔断不仅分隔了空间，而且也不影响居室的采光。

4.造型别致的装饰玻璃，不仅分隔了餐厅空间，而且增添了空间的装饰性。

1

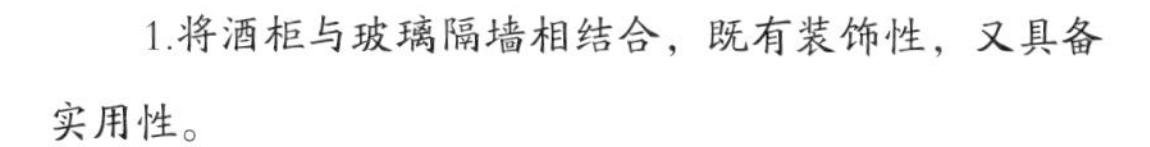

1.将酒柜与玻璃隔墙相结合，既有装饰性，又具备实用性。

2.镜面墙的装饰不仅起到了分隔空间的作用，并且扩大了空间视觉效果。

3.优雅大方的玻璃墙将餐厅与过道空间相分隔，形成独立的用餐氛围。

4.通透的玻璃隔墙将餐厅和书房做了分隔，使两个空间各自独立。

2

3

4

1.玻璃与木质框架相结合的玄关分隔设计，令空间既现代又质朴。

2.木质与玻璃相搭配的分隔设计，更加凸显了客厅的自然氛围。

3.玻璃作为分隔空间的材料并不少见，其黄色调为玄关带来一抹活力。

4.玄关上起到分隔作用的玻璃搭配石墙，体现了整体空间的质朴与现代气息。